BEI GRIN MACHT SICH IHR WISSEN BEZAHLT

- Wir veröffentlichen Ihre Hausarbeit,
  Bachelor- und Masterarbeit

- Ihr eigenes eBook und Buch -
  weltweit in allen wichtigen Shops

- Verdienen Sie an jedem Verkauf

Jetzt bei www.GRIN.com hochladen
und kostenlos publizieren

Marie Burger

Karteninterpretation - Blatt L8112 Freiburg im Breisgau-Süd

Bibliografische Information der Deutschen Nationalbibliothek:

Die Deutsche Bibliothek verzeichnet diese Publikation in der Deutschen National-
bibliografie; detaillierte bibliografische Daten sind im Internet über http://dnb.d-
nb.de/ abrufbar.

Impressum:

Copyright © 2007 GRIN Verlag GmbH
Druck und Bindung: Books on Demand GmbH, Norderstedt Germany
ISBN: 978-3-640-25744-7

Dieses Buch bei GRIN:

http://www.grin.com/de/e-book/121375/karteninterpretation-blatt-l8112-freiburg-
im-breisgau-sued

1Universität Trier

Fachbereich VI – Geographie / Geowissenschaften
Sommersemester 2007
Übung: Interpretation topographischer Karten

Karteninterpretation

Blatt L8112

Freiburg im Breisgau-Süd

Inhaltsverzeichnis

1.   Die Karte

Die vorliegende topographische Karte 1 : 50.000, Blatt L8112 Freiburg im Breisgau-Süd ist 1992 vom Landesvermessungsamt Baden-Württemberg, nach einer umfassenden Aktualisierung 1991, in der 6. Auflage herausgegeben worden.

Sie zeigt den Landschaftsausschnitt zwischen 7°40 und 8°00 östlicher Länge und zwischen 47°48 und 48°00 nördlicher Breite. Dies ist entspricht in Gauß-Krüger-Koordinaten der Fläche zwischen den Hochwerten 5296 und 5319 und den Rechtswerten 3400 und 3425.

2.   Großräumliche Einordnung des Kartenblattes

Naturräumlich zeigt das vorliegend Kartenblatt einen Ausschnitt des Oberrheingrabens - einen Teil der Freiburger Bucht, sowie einen Teil des Kammschwarzwaldes. Der Kartenausschnitt wird im Nordwesten und Westen vom Tuniberg und dem Oberrheingraben begrenzt. Am nördlichen Rand der Karte bilden Tuniberg, Mooswald und die Bergkämme des Mittleren-Schwarzwaldes die Grenze. Im Osten und im Süden begrenzen weitere Bergkämme des Kammschwarzwaldes den Ausschnitt.

Das Gebiet zeigt typische Merkmale einer Grabenstruktur und einer Mittelgebirgslandschaft und ist klimatisch der kühl-gemäßigten Klimazone der Mittelbreiten zuzuordnen.

Kulturräumlich ist die abgebildete Region ein Teil des Bundeslandes Baden-Württemberg.

Administrativ gehört der auf der Karte abgebildete Ausschnitt zum Regierungsbezirk Freiburg, wobei der Landkreis Breisgau-Hochschwarzwald und der Stadtkreis Freiburg im Breisgau die größten Flächen (etwa dreiviertel der Gesamtfläche) verwalten und nur das südöstliche Viertel der Fläche dem Landkreis Lörrach unterstellt ist. Die Fläche des Landkreises Waldshut auf dem Kartenblatt ist verschwindend gering.

3.   Vorgehensweise

Im Folgenden wird als Grundlage für weitere physisch-geographische Analysen der Karte zuerst eine naturräumliche Gliederung des Kartenblattes vorgenommen. Daraufhin sollen die verschiedenen Naturräume einzeln schematisch untersucht werden. Das zu Grunde liegende Schema ist wie folgt aufgebaut:

1. Topographie
2. Hydrographie

3. Geologie (tieferer Untergrund)

4. Vegetation / Boden

Daran anschließend wird eine Analyse anthropogeographischer Sachverhalte der Gesamtkarte vorgenommen, die sich an den vorhandenen Siedlungsformen, dem Verkehrsnetz und landwirtschaftlichen, industriellen und touristischen Aspekten orientiert.

4.   *Physisch-Geographische Behandlung des Kartenblattes*

Die physisch-geographische Behandlung des Kartenblattes stellt den Hauptteil dieser Karteninterpretation dar. Dabei greifen die Analyse und die Synthese ineinander.

4.1   *Naturräumliche Gliederung des Kartenblattes*

I   Freiburger Bucht

    Ia   Schönberg-Hohfirst-Rücken und Bazenberg

    Ib   Tuniberg

    Ic   Mooswald

II   Zartener Becken und nördlich umgebende Kämme

III   Kammschwarzwald

    IIIa   Kibfelsen-Schauinsland-Kämme

    IIIb   Horben-Rücken und Maistollen-Kämme

    IIIc   südlicher Kammschwarzwald um Blechengipfel und Toter Mann

4.2   *Naturraum I: Freiburger Bucht*

Der Naturraum I nimmt ca. ein drittel der Gesamtkarte ein. Seine Ostgrenze erstreckt sich etwa von Britzingen (RW 3400 / HW 5318) in nördlicher Richtung entlang des Schwarzwaldes bis nach Freiburg (RW3415 / HW 5318). Seine Nord- und Westgrenze werden vom Kartenrand gebildet. Nach meinem Dafürhalten kann dieser Naturraum in 4 Teile gegliedert werden. Der Naturraum Ia (Schönberg-Hohfirst-Rücken) sowie der Naturraum Ib (Tuniberg) scheinen geomorphologische Besonderheiten in diesem Gebiet zu sein und der Naturraum Ic (Mooswald) fällt zuerst einmal als vegetationsgeographische Besonderheit ins Auge.

Die topographische Analyse des Naturraumes I ohne die Teile Ia-c zeigt, dass das Gebiet von seiner niedrigsten Stelle in Nordwesten (201 m NN; RW 3401 / HW 5317) in südliche, südwestliche und westliche Richtung ansteigt. Die höchsten Punkte dieses Gebietes liegen in der Nähe der diesen Naturraum begrenzenden Grabenschulter. Auffällig sind die, die insgesamt leicht ansteigende Ebene unterbrechenden Hügel, wie z. B. der Hügel westlich von Schlatten (264 m NN; RW 34015, HW 5309) oder der kleinere Hügel bei RW 3402 / HW 5311 mit 248 m NN. Des Weiteren auffällige ist der Stauffener Berg mit einer Höhe von 375m NN (RW 3405 / HW 5306), der dem Karteneindruck nach deutlich aus der Niederung hervortritt. Dass ein Schloss auf seinem Gipfel erbaut wurde unterstützt den Eindruck einer exponierten Stellung des Berges. Die Exposition der steilsten Hänge der genannten Hügel ist einheitlich nach Westen.

Die großen Bäche, die den Naturraum I schneiden, entspringen Quellen im Schwarzwald und haben dort auch ihr primäres Wassereinzugsgebiet. Der größte (wasserreichste) Bach ist die Dreisam. Sie schneidet den Naturraum I jedoch nur auf ihrem Weg durch Freiburg. Die Neumagen, der, soweit zu erkennen, vermutlich zweitgrößte Bach des Blattes, legt die längste Fließstrecke durch Naturraum I zurück. Sie wird von vielen Quellen und kleinen Bächen entlang des Münster- und Obermünstertales gespeist und tritt, nach ihrem einige Kilometer langen Weg durch das Münster- und Obermünstertal durch Stauffen in die Rheinebene ein. Ihr weiterer Verlauf führt sie in nordwestlicher Richtung durch Bad Krozingen und Biengen. Ungefähr zwei Kilometer hinter Biengen vereint sie sich mit dem drittmächtigsten Bach des Blattes, der Möhn, und entwässert entlang des Rheinebenengefälles in nordwestliche Richtung. Der Naturraum I ist des Weiteren von einem weitmaschigen Netz kleinerer Bäche und Wassergräben durchzogen. Hinweise auf den tieferen Untergrund findet man beispielsweise bei RW 3404 / HW 5304, dem Schleifsteinhof und einen Kilometer südwestlich davon, dem Ziegelhof. Schleifsteine wurden in der Regel aus Sandsteinen hergestellt. Der Hof ist sicherlich schon einige hundert Jahre alt, weswegen er sich, wie damals in der Regel üblich bestimmt in der Nähe des Sandsteinliefergebietes befindet. Ähnliches gilt sicherlich auch für den Ziegelhof, der sich sicherlich in der Nähe eines Ton- oder Lehmabbaugebietes befindet. Beide Gebiete liegen jedoch sehr nahe am Grabenrand und könnten aufgrund ihrer Höhe und Lage tektonisch nicht ganz versenkte, der Hauptbruchkante etwas vorgelagerte Bruchschollen sein. Wenn dies der Fall ist, kann man von ihrem tieferen Untergrund nicht auf den gesamten tieferen Untergrund der Rheinebene schließen, da dort die Bruchschollen sehr tief versenkt sind. Die Höhe und vorgelagerte Position der nicht vollständig versenkten Bruchschollen könnte die Erosion dieser Bruchschollen im Laufe der Schwarzwaldvergletscherung des Pleistozäns sehr beeinflusst haben. Vielleicht sind diese Bruchschollen deswegen nicht so stark erodiert worden und es finden sich noch mesozoische Sedimente/Sedimentabfolgen in ihren tieferen Untergründen. Zum tieferen Untergrund des größten Teils von Naturraum I kann man Vermutungen anstellen. Der Rheingraben ist weitgehend im Tertiär entstanden. Im Alttertiär wurden das Grundgebirge und die aufgelagerten Schichten im Gebiet des heutigen Rheingrabens, wahrscheinlich aufgrund des Einbruchs eines sich darunter befindlichen Manteldiapirs, zerbrochen und die Bruchschollen sanken ab. Gleichzeitig mit der Absenkung der Bruchschollen in den Grabenbruch wurde der Schwarzwald im Osten des Grabens gehoben und ebenfalls zerschert. Hinweise für vulkanische Aktivität im Untergrund des Rheingrabens finden sich in der Karte z.B. in Form von Stadtnamen (Bad Krozingen, Badenweiler) wo man Thermalquellen vermuten könnte oder in direkten Benennungen von Bädern (RW 3401 / HW 5304) und Thermalbädern (RW 3408 / HW 5317). Die Bruchschollen im Zentralgraben versanken sehr tief. Vereinzelt wurden Randschollen jedoch nicht gänzlich versenkt und bilden heute Hügel bzw. Bergrücken am Rand des Grabenbruchs. Der tiefe und sehr zerklüftete Grabenbruch wurde dann im Laufe des Quartärs allmählich mit jungen pleistozänen Sedimenten (Schottern) verfüllt, die heute den tieferen Untergrund bilden und eine eben Niederterrasse formen. Dies könnte vorwiegend Geschiebe Mergel sein, der je etwa zur Hälfte aus Ton und Kalk besteht. Wenn der Kalk ausgewaschen wird, bleibt Tonerde, die sich bei weiteren Auswaschungsprozessen zu Parabraunerde entwickelt. Die weiter oben bereits angesprochenen Hügel, die regelmäßig zum Weinanbau genutzt werden, sind Lösshügel. Der Löss wurde äolisch in den Rheingraben transportiert und lagerte sich dort ab. Er bedeckt, wegen der günstigen Windbedingungen, vor allem die Randlagen des Grabens und somit u. a. auch nicht versenkte Randschollen.

An den kleinen Bächen finden sich Auen und Wiesen sowie vereinzelt kleine Laubwälder. Zwischen den Wiesen liegen immer wieder zusammenhängende Ackerflächen. Ganz besonders auffällig ist jedoch der Weinanbau. In großen Teilen des Südabschnitts des Naturraums I, auf allen vereinzelten Lösshügeln, dem gesamten Naturraum Ib und in großen Teilen des Naturraums Ic wird Wein angebaut.

4.2.1 Naturraum Ia: Schönberg-Hohfirst-Rücken und Batzenberg

Der Schönberg mit 645 m NN (RW 3411 / HW 5314) ist die höchste und großflächigste dem Schwarzwald vorgelagerte Erhebung dieses Kartenblattes. Er weist insbesondere an seiner Südostseite sehr steile Hänge auf. Sein Verlauf nach Nordwesten hingegen ist weniger steil. Hydrologisch ist auffällig, dass sich auf dem gesamten Schönberg bis auf eine sehr winzige Ausnahme kein Bach findet, obwohl vereinzelt kleine Quellen hervortreten. Vielleicht ist die Quellleistung zu gering oder das Wasser versickert sehr schnell wieder im Boden. Dies ist beim

Hohfirst anders. Dort treten in der Höhe überhaupt keine Quellen zu Tage. Im Süden dieses Bergrückens bei RW 3408 / HW 5311 befinden sich zwei Steinbrüche. Der Karte ist nicht zu entnehmen welches Gestein hier abgebaut wird. Es könnte sich aber, weil die vorgelagerte Randschlolle wegen ihrer Lage weniger starken Abtragungsprozessen ausgesetzt war als der Schwarzwald, um zurückgebliebene präpleistozäne Sedimentschichten handeln. Südwestlich davon befindet sich der tropfenförmige Ölberg, dessen südöstliche Hangseite ein sehr starkes Gefälle aufweist, dass in dieser Steilheit den Eindruck eines Bruches vermittelt. An seinem viel flacher verlaufenden, nach Südwesten exponierten Hang wird Wein angebaut. Der Weinanbau im Naturraum Ia erstreckt sich über den Südhang und nahezu den gesamten Westhang des Bergrückens. Im Nordwesten des Hohfirst liegt der etwas weiter in die Rheinebene verlagerte Batzenberg, durch den die Badischen Weinstrasse verläuft. Er wird in seiner gesamten Fläche zum Weinanbau genutzt. Aufgrund seiner gleichmäßigen Steigungen, Form und geringen Höhe, wie auch der Tatsache, dass er insgesamt zum Weinbau genutzt wird, würde ich auch diesen Berg als „Lösshügel" klassifizieren. Auch die Weinanbauflächen des Schönberg-Hohfirst-Rückens befinden sich auf ähnlichen Lössansammlungen. Die Gipfelregionen dieses Rückens sind bewaldet. Die Mischwaldvegetation und das gemäßigte Klima könnten im Zusammenhang mit Löss als Ausgangssubstrat die Entwicklung von Parabraunerde in diesem Bereich bedingt haben.

4.2.2 Naturraum Ib: Tuniberg

Der Naturraum Ib, der Südteil des Tuniberges, im äußersten Südwesten des Kartenblattes besitzt seine höchste Erhebung mit 314 m NN an seinem südwestlichen Rand bei RW 3401 / HW 5316. Seine Westflanke weist eine sehr große Steilheit auf, die aufgrund ihrer Höhe auf eine Bruchkante schließen lässt. Von dieser westlichen Bruchkante fällt der Berg nach Osten hin ab, wobei er von kleinen Tälern zerfurcht ist. Auf dem gesamten Berg finden sich eine Vielzahl natürlicher Böschungen, die in der Nähe der Bruchkante jedoch eine erheblich höhere Dicht aufweisen als im Zentrum oder am östlichen Rand des Berges. Die gesamten nach Süden exponierten Hänge des Berges sind mit Rebstöcken bebaut, was wiederum auf Lössboden schließen lässt. Die eingezeichneten natürlichen Böschungen könnten demzufolge Lössböschungen sein. Die Bruchkante lässt auf eine nicht ganz versunkene Bruchscholle schließen, die anscheinend nach Osten hin verkippt im Untergrund liegt.

4.2.3 Naturraum Ic: Mooswald

Der Mooswald liegt westlich des Tuniberges. Sein Relief ist sehr eben. Er liegt als ganz leicht von Westen nach Osten hin ansteigende Ebene mit einer geschätzten mittleren Höhe von 220 m NN im Westen von Freiburg. Besonders auffällig an diesem Naturraum sind die hydrologischen Verhältnisse, die sich von denen der anderen Teile des Naturraumes I etwas unterscheiden. Der Mooswald wird von einigen kleinen Bächen und Gräben von Osten nach Westen durchflossen. Bei RW 3406 / HW 5317 befindet sich ein kleiner See, der Arlesheimer See, der, weil er von einer künstlichen Böschung umgeben ist und diese exakte geometrische Form aufweist, anthropogener Genese sein muss. Einige Kilometer nördlich sowie westlich dieses Sees befinden sich zwei Teiche. Die künstlich angelegen Gräben im Mooswald sowie das sehr geometrische Grabensystem im Südwesten (Spielhofern RW 3405 / HW 5316) in den Wiesen randlich des Waldes scheinen der Entwässerung zu dienen. Im Osten des Waldes bei RW 3408 / HW 5319 befindet sich ein Mineral- und Thermalbad, dass auf die vulkanische Aktivität im Untergrund hinweist. Die Entwässerungsgräben im Waldgebiet und in den umgebenden Wiesen lassen bei Berücksichtigung der mittleren Höhe des Naturraumes Ic auf einen hohen Grundwasserspiegel schließen. Diese Vermutung kann vielleicht noch von den beiden in diesem Teil der Niederterrasse gelegenen Quellen gestützt werden. Denn der Teich bei RW 3405 / HW 5317 weist keinen Zufluss von außen auf, sondern entsteht durch eine Quelle, die ihn von unten speist. Ebenso wird wohl das Thermalbad eine heiße Quelle aufweisen können. Der hohe Grundwasserspiegel hat sicherlich einen erheblichen Einfluss auf die Bodenbildung und die Vegetation in diesem Naturraum. Es könnten sich Gleyböden ausgebildet haben auf denen sich eine Auenvegetation entwickelt hat.

4.3 Naturraum II: Zartener-Becken

Das Zartener-Becken befindet sich im oberen Drittel der östlichen Kartenblatthälfte. Sein westliches Ende verbindet diesen Naturraum mit Naturraum I, der Freiburger Bucht. Von diesem schmäleren westlichen Teil, weitet sich das Becken Richtung Osten auf die über dreifache Breite und bildet bei Kirchzarten einen Ausläufer in Richtung Süden aus. Der Beckengrund bildet eine von seinem niedrigsten Punkt im Westen (297 m NN; RW 3415 / HW 5317) über eine mittlere Höhe bei Ebnet etwa in der Mitte des Beckens (333 m NN; RW 3418 / HW 5317) bis hin zu seinem höchsten Punkt im Osten bei Burg (437 m NN; RW 3424 / HW 5315) kontinuierlich ansteigende, sehr flache Ebene. Eine ebenso flache, allerdings nach Süden leicht ansteigende Ebene bildet der Grund des Beckenausläufers südlich von Kirchzarten. Das Becken wird in seiner östlichen Hälfte von mehreren Bächen durchflossen, die im umgebenden Schwarzwald entspringen und von zumeist vielen Ästen gespeist in das Becken fließen. Die Bäche Wagensteigbach, Reichenbach und Brugga vereinigen sich etwa im Zentrum des Beckens zur Dreisam, die gemeinsam mit einem kleinen Nebenbach, dem Eschbach, das Gebiet Richtung Freiburg entwässert. Entlang der Bäche, ausgenommen der Dreisam, befinden sich Wiesen und Auenlandschaften an die sich häufig Ackerflächen anschließen. Besonders auffällig ist der Rand des Beckens. Hier bestehen häufig zwischen Beckengrund und umgebendem Schwarzwald sehr große Höhenunterschiede, die auf steile Schwarzwaldhänge schließen lassen. Die Beckenentstehung könnte glaziale, fluviale und/oder tektonische Ursachen haben. Die steilen Hügel, die Form und Größe des Beckens, sowie die für eine potentielle fluviale Entstehung des Beckens zu geringe Wassermenge sowie die bereits in der Freiburger Bucht vereinzelt aufgetretenen Bruchschollen, legen die Vermutung nahe, dass das Becken durch das Absinken einer Bruchscholle entstanden ist. Im Laufe des Pleistozäns wurde das Becken dann, wie auch der Rheingraben, mit Schottern aus dem Schwarzwald verfüllt, die die ebene Terrasse formten.

4.4   Naturraum III: Kammschwarzwald

Der Naturraum III nimmt den größten Teil des auf der Karte abgebildeten Bereiches ein. Er ist ein aus zahlreichen Bergkämmen, Bergrücken und Tälern bestehender Teil des Schwarzwaldes und wird von den anderen Naturräumen und dem Kartenrand begrenzt.

4.4.1 Naturraum IIIa: Kibfelsen-Schauinsland- Kämme

Der Naturraum IIIa wird im Norden vom Zartener Becken, im Westen durch das Bohrerbachtal, im Osten durch das Bruggatal und im Süden durch Hofsgrund und Steinwasen abgegrenzt. Er steigt von seinem Nordrand bis zu seinem höchsten Punkt im Süden, dem Schauinsland mit 1284 m NN bei RW 3417 / HW 5309 an. Topographisch besonders auffällig ist die starke Zergliederung des Reliefs durch die Täler des Bohrerbaches, des Reichenbaches und der Brugga sowie durch kleinere Täler weiterer kleinerer Bäche. Der Reichbach und die Brugga bilden in ihrem Oberlauf sehr steil eingeschnittene Täler. Mehrere Quellen in der Nähe des Schauinsland speisen den Reichenbach. Durch das starke Gefälle im Oberlauf des Baches schneidet er sich tief ins Gelände ein und bildet einen Tobel aus. Am Osthang des Oberlaufs bei RW 3418 / HW 5310 hat sich ein Moorgebiet entwickelt. Dieses ist wahrscheinlich entstanden, weil dieses Gebiet von den sich oberhalb im selben Hang befindlichen Quellen beständig gespeist wurde und wird, die im Zusammenhang mit der wahrscheinlich geringen Sonneneinstrahlungsdauer an dieser Stelle – sie liegt vermutlich wegen der Höhe und Enge des Tales die meiste Zeit des Jahres im Schatten – günstige feucht-kühle Bedingungen zur Torfbildung bot. Somit würde ich dieses Moor als Hangquellmoor bezeichnen. Weitere kleinere Hangquellmoore in diesem Naturraum befinden sich bei RW 3418 / HW 5310 und RW 3420 / HW 5310. Eine weitere hydrologische Auffälligkeit ist die sehr hohe Quelldichte des südlichen Teils des Naturraumes IIIa, dem Gebiet um Schauinsland und Hofsgrund. Hierbei scheint kein klarer Quellhorizont zu existieren, da die Quellen in diesem Gebiet, meinem Eindruck nach, die Höhe betreffend diffus hervortreten. Wasserscheiden sind sehr zahlreich, da die zahlreichen steilen Kämme als Wasserscheiden fungierten. Vereinzelt finden sich kleine Teiche im Naturraum IIIa. Die Vegetation dieses Raumes besteht überwiegend aus Mischwald an den meisten Hängen und Kämmen sowie Wiesen und Auen an den großen Bächen. Im tieferen Untergrund steht das Ausgangsgestein an. Ein Indiz dafür könnten die im Naturraum immer wieder auftretenden Felsensignaturen sein. Sie zeigen Stellen anstehenden Gesteins. Da der Oberrheingraben und das Zartener Becken mit vor allem pleistozänen Sedimenten verfüllt ist, die von den umliegenden Schwarzwaldbergen abgetragen wurden, spricht dies im Zusammenhang mit dem in diesem Naturraum häufig an der Oberfläche anstehenden Gestein dafür, dass wahrscheinlich großflächig unter der Vegetations- und Bodendecke ebenfalls das Grundgestein liegt. In diesem Bereich des Schwarzwaldes handelt es sich dabei um kristallinen Schiefer. Aufgrund der über große Flächen vorherrschenden Mischwaldvegetation und aufgrund des typischen Klimas der feuchten Mittelbreiten in diesem Gebiet könnte sich pedologisch auf den meisten Waldflächen eine Braunerde entwickelt haben.

4.4.2 Naturraum IIIb: Horbenrücken und Maistollenkämme

Der Naturraum IIIb wird im Westen durch den Oberrheingraben, im Süden und Südosten durch das Müster- und Obermünstertal und im Norden und Nordosten durch das Günterstal begrenzt. Das stark zerklüftete Relief steigt von Westen nach Osten stark an. Die mittlere Höhe im Westen liegt ca. bei 300 – 330 m NN, wobei die höchsten Erhebungen im Osten bei Maistollen RW 3411 / HW 5305 mit 834 m NN und bei RW 3413 / HW 5305 mit 914 m NN diese um über 500 Meter überragen. Die großen Bäche, Ambringer Grund, Norsinger Grund, Ehrenstetter Grund und Möhlin entspringen in östlichen Randgebieten des Naturraum IIIb und durchfließen ihn entlang des starken Südost-Nordwest-Gefälles mit großer Relief modellierender Wirkung, um in die Rheinebene zu entwässern. Die höchsten Punkte dieser Hänge bilden einen Rücken, dessen West-Ost-Verlauf sich vom in diesem Naturraum ansonsten vorherrschenden Nordwest-Südost-Verlauf abhebt. Aus diesem Grund stellt dieser Rücken auch eine Wasserscheide dar. Viele Bäche an den sehr steilen

Süd- und Südosthängen des Rückens konnten sich tief einschneiden und kurze Kerbtäler ausbilden. Diese Bäche entwässern ins Münster- und Obermünstertal. Der allergrößte Teil des Naturraumes IIIb ist dicht bewaldet. Eine Ausnahme bildet eine relativ große Fläche des Horbener Rückens im Nordosten des Naturraumes. Dort befinden sich Wiesen und Ackerflächen von einigen dort ansässigen Gehöften. Es ist anzunehmen, dass sich der tiefere Untergrund und die Pedologie dieses Naturraumes nicht wesentlich vom Naturraum IIIa unterscheiden. Eine Besonderheit dürfte jedoch in diesem Zusammenhang das Münster-Obermünstertal spielen. Das schmale, von der Neumagen tief eingeschnittene Obermünstertal ist ein Kerbtal, das sich im weiteren Verlauf der Neumagen bei Münster zu einem Sohlental vergrößert. Die Breite des Tales nimmt von Münster bis Grunern hin zu und vermittelt aufgrund seiner Dimension sowie seiner extrem steilen Nordhänge den Eindruck, dass es nicht rein fluvial entstanden sein kann, sondern der morphologische Ausdruck eines Bruchs sein muss. Im Laufe des Pleistozäns wurde das Tal dann mit vom Schwarzwald erodierten Sedimenten verfüllt und eben. Da viele Bäche in dieses Tal entwässern ist es möglich, dass es dort relativ feucht ist. Entlang der Neumagen sind Auen ausgebildet und an einigen wenigen steilen Hängen des Tales werden Ackerflächen bestellt. Bei den Bodentypen im Tal dürfte es sich um Auenböden handeln, beim Acker- und Waldboden um Braunerde.

4.4.3 Naturraum IIIc: Südl. Kammschwarzwald um Blechngipfel und Toter Mann

Der Naturraum IIIc wird durch die umliegenden Naturraumteile IIIa, IIIb, den Naturraum II sowie den südlichen und östlichen Kartenblattrand begrenzt. Die niedrigsten Punkte dieses Naturraumes liegen an seiner Grenze zum Oberrheingraben. Sein höchster Punkt ist der Blechengipfel mit 1414 m NN bei RW 3412 / HW 5299. Der Naturraum steigt nicht gleichmäßig von Westen nach Osten hin an, sondern ist ein Mosaik von vielen unterschiedlich hohen und steilen Rücken und Gipfeln. Der höchste Gipfel, der Blechengipfel weist sehr steile Hänge auf. Sein Westhang erstreckt sich vom Kerbtal des Talbachs mit 522 m NN bei RW 3410 / HW 5299 über eine Luftliniendistanz von weniger als drei Kilometern auf 1414 m Höhe. Sein Gipfel ist vollständig und sein steiler sehr felsiger Südhang nahezu vollständig waldfrei. Die Felsen zeigen wiederum das anstehende Gestein, das vermutlich durch die Gletscher der Schwarzwaldvergletscherung freigelegt worden ist. Weitere Felsengebiete in diesem Naturraum befinden sich entlang zahlreicher sehr steiler Hänge am Oberlauf der Brugga, westlich des Immisberges (1373 m NN; RW 3425 / HW 5305) und an sehr vielen weiteren Hängen. Demzufolge ist auch bei diesen Bergrücken im tieferen Untergrund anstehendes Gestein. Viele, heute stillgelegte, Bergwerke zeugen davon, dass hier in Stollen Erze gegraben worden sind. Dies sind beispielsweise das Besucherbergwerk Teufelsgrund (RW 3412 / HW 5301) oder das Besucherbergwerk Finstergrund (RW 3418 / HW 5300). Die Bergkämme und

Rücken verlaufen in ganz unterschiedliche Richtung, so dass ich keine eindeutige Ordnung darin erkennen kann. Geomorphologisch auffällig ist das Tal im Südosten des Blattes, durch das die B317 verläuft. Dessen stellenweise Breite sowie die im Vergleich zu den umliegenden Rücken sehr niedrige nach Nordosten hin ansteigende, von steilen Hängen begrenzte Talsohle scheinen nicht rein fluvialer Genese zu sein, sondern auch auf einen Bruch zurückzugehen.

Die starke Zergliederung dieses Naturraumes scheint mehre Ursachen zu haben. Einerseits scheinen tektonische Bruchschollen gehoben, gesenkt und gegeneinander verschoben worden zu sein, andererseits haben sich die Schwarzwaldgletscher des Pleistozän und die, wegen häufiger starker Gefälle, oft sehr stark erodierende Wirkung von vielen Bergbächen Relief gestaltend ausgewirkt.

Vegetation und pedologische Phänomene sind in diesem Teil des Naturraumes III gleich den anderen Teilen des Naturraumes III, weswegen ich darauf nicht noch einmal näher eingehen werde.

5.   *Anthropogeographische Behandlung des Kartenblattes*

Der Kartenausschnitt bildet den südlichen Teil der Großstadt Freiburgs als Oberzentrum und damit als den bestimmenden zentralen Ort dieser Region ab. Daneben finden sich mehrere kleine bis mittlere Städte, wie zum Beispiel Stauffen, Bad Krozingen, Baden Weiler, Kirchzarten und Todtnau und viele weitere kleinere Gemeinden.

5.1   *Siedlungsformen*

Die Verteilung der Siedlungen auf dem vorliegenden Kartenblatt ist stark asymmetrisch. Die Großstadt Freiburg liegt im Norden in der Mitte des Blattes zu großen Teilen auf dem Schwemmfächer der Dreisam, umgeben von der Randscholle des Schönberg-Hohfirst-Rückens im Süden, und steilen Bergkämmen des Schwarzwaldes im Osten. Ihr Stadtgebiet grenzt im Westen an den Mooswald und reicht im Osten mit einem einige Kilometer langen Ausläufer weit in das Zartener-Becken hinein. Da nur der südliche Teil der Stadt auf dem Kartenblatt abgebildet ist kann keine vollständige Stadtanalyse vollzogen werden. Gut zu erkennen ist jedoch ein besonders hoch verdichteter Bereich am Fuße des Schlossberges, der von der Dreisam im Süden und von der umlaufenden L 122 westlich, nördlich und östlich begrenzt wird. Bei diesem Gebiet handelt es sich vermutlich um das heutige Stadtzentrum (Stadtkern) und gleichzeitig um den etwas erweiterten Bereich der historischen Altstadt. Hinweise darauf geben drei Stadttor- bzw. Stadtturmsignaturen im Norden der abgebildeten Stadthälfte bei RW34145 / HW53183, im Südwesten des verdichteten Raumes bei RW 34146 / HW 53178 und ca. 500 Meter westlich von diesem bei RW 34143 /

HW53179. In diesem Zentrum liegen, trotz der hohen Bebauungsdichte, das Freiburger Münster mit einem großen Kirchvorplatz sowie einige weitere Kirchen und Marktplätze. Auffällig ist des Weiteren eine sehr breite, gleichmäßige Strasse, die diesen Teil der Innenstadt von Süden nach Norden durchschneidet. Die von Osten nach Westen verlaufenden Strassen der Stadt schneiden diese Strasse. Sie ist demnach die zentrale Strasse der Innenstadt und historisch vielleicht einmal eine Marktstrasse gewesen. Der gesamte Stadtkern ist nicht chaotisch sondern macht einen geplanten Eindruck, was im Zusammenhang mit weiteren Indizien wie den Stadttoren, dem Münster und den Kirchen, der breiten, zentralen Handelsstrasse und den Märkten auf eine Mittelalterliche Stadt hinweist. Auch die Lage der Stadt an einer wichtigen Nord-Süd-Handelsrute des Mittelalters, legt im oben genannten Zusammenhang die Vermutung nahe, dass es sich bei Freiburg um eine geplante Handelsstadt des Mittelalters handelt. Von diesem Stadtkern aus nimmt die Bebauungsdichte Richtung Randgebiete ab. Die geschlossene Bebauung wird zunehmend aufgelockert. Es dominieren einzelne Gebäude mit einer Vielzahl von Gärten, wobei immer wieder Inseln verdichteter Bebauung in den aufgelockerten Bereichen liegen. Hier ist ein Gebiet, Haslach am Mooswald, besonders auffällig. In der Randzone der Stadt finden sich viele eingemeindete kleinere Städte (z.B. Wolfenweiler, Littenweiler) und Dörfer (z.B. Munzingen, Ebnet) und Umlandgemeinden. Dies sind kleine Städte wie beispielsweise Kirchzarten im Zartener Becken, Bad Krozingen und Staufen aber auch viele kleine Dörfer. Insgesamt herrscht im Gebiet des Rheingrabens eine wesentlich höhere Siedlungsdichte vor als im Gebiet des Schwarzwaldes. Die Dörfer und Städte in den Grabenstrukturen der Karte sind i. d. R. größer, anders aufgebaut und anderer Genese als die Dörfer im Schwarzwald. In der Freiburger Bucht tritt bei den Ortsnamen eine Häufung der Endsilbe „-ingen" auf (Niederrumsingen, Munzingen, Scherzingen, Norsingen, Bad Krozingen, Britzingen usw.). Diese Endsilbe weist auf die Gründungszeit 300-600 n Chr. hin. Hierbei handelt es sich um Haufendörfer (bzw. kleine Städte die aus Haufendörfern hervorgingen), die wahrscheinlich aus Einzelhöfen, Hofgruppen oder Gruppensiedlungen entstanden. Des Weiteren tritt eine Häufung der Bezeichnung „-weiler" auf, die auf eine spätere Entstehung des Ortes hinweist, die in der mittelalterlichen Rodungszeit zwischen 900 und 1300 n. Chr. liegen müsste.

In den schmalen Tälern des Schwarzwaldes ist nicht mehr die Siedlungsform des Haufendorfes sondern die der Streusiedlung und des Einzelgehöfts dominierend. Die Streusiedlungen finden sich zumeist entlang von Bächen und ihren schmalen Tälern, entlang von Rodungszonen im Schwarzwald. Die Einzelgehöfte liegen ebenfalls an oder in Rodungsflächen allerdings zumeist in höheren Lagen als die Streusiedlungen.

5.2   *Verkehrswegenetz*

Freiburg liegt an der nord-südl. Hauptverkehrsstrecke, der A5 E35 und der Haupteisenbahnlinie durch die Rheinebene. Damit bildet Feiburg einen Knotenpunkt, der die Rheinebene mit dem südlichen Schwarzwald verbindet.

Die Bundesautobahn A5 E35 verläuft in einigen Kilometern Entfernung westlich von Freiburg durch die Rheinebene. Diese gut ausgebaute Fernstrasse ist eine der bedeutendsten Nord-Süd-Achsen der Bundesrepublik und verbindet Freiburg in südlicher Richtung mit der Schweiz (Basel) und in nördlicher Richtung mit Karlsruhe und Frankfurt. Eine zweite, regional bedeutsame Nord-Süd-Verbindungsstrasse, die parallel zur Eisenbahnstrecke verläuft ist die B3, die Freibug mit Müllheim im Süden und Gundelfingen im Norden verbindet. Wichtigste Ost-West-Verbindung im Stadtkreis ist die B31. Sie tritt von Breisach kommend bei Munzingen in das Stadtgebiet ein, verläuft von St. Georgen Trassengleich mit der B3 bis zur Stadtmitte und führt einige Kilometer entlang der Dreisam durch das Höllental nach Titisee-Neustadt. Eine Vielzahl von Landes- und Kreisstrassen verbindet die Stadtteile untereinander als auch die Stadt mit ihrem Umland. Die L 124 führt von Freiburg aus in süd-süd-östliche Richtung durch Günterstal hinauf auf den Schauinsland und von dort nach Todtnau, wo sie Anbindung an die B317, eine wichtige Verbindungsstrasse im Schwarzwald, hat.

Im Eisenbahnnetz liegt Freiburg an einem Teilstück der wichtigsten europäischen Nord-Süd-Verbindung, dem Teilstück Mannheim-Basel. Von Bad Krozingen aus, führt eine eingleisige Nebenstrecke der mehrgleisigen Haupteisenbahnline Richtung Südosten nach Staufen und weiter durch das Münstertal hindurch bis nach Münster. Von Freiburg aus erhält man durch eine weitere eingleisige Nebenstrecke, die durch das Zartener-Becken verläuft, Anschluss an Kirchzarten und Titisee-Neustadt.

Des Weiteren durchziehen viele Kreisstrassen das bergige Relief des Schwarzwaldes und verbinden die Streusiedlungen und Einzelgehöfte untereinander sowie mit den größeren Landesstrassen für den Regionalverkehr.

Besonderheiten des Verkehrs stellen die beiden Seilbahnen auf diesen Kartenblatt dar. Eine etwa vier Kilometer lange Seilbahn verbindet das Bohrerbachtal mit dem Schauinsland. Eine weitere nur etwa ein Kilometer lange Seilbahn befindet sich bei RW3409 / HW52965. Die Schauinslandseilbahn ist eine touristische Anlage zur Erschließung der landschaftlichen Besonderheiten dieses Gebietes und dient vielleicht auch als Liftbahn für den Wintersport in dieser Region.

5.3   Landwirtschaft, Industrie und Tourismus

Die größten Ackerflächen befinden sich im Rheingraben, kleinere im Zartener Becken und auf Rodungsflächen im Schwarzwald. Der Rheingraben ist aufgrund seiner Bodenverhältnisse und klimatischen Bedingungen sowie der relativen Größe der zusammenhängenden Flächen das landwirtschaftliche Gunstgebiet dieses Kartenblattes. Auf den Braunerden und Schwemmlöss-Böden des Rheingrabens herrschen sehr gute Bedingungen zum Getreideanbau. Die Lösshügel und Löss bedeckten Bruchschollen bieten aufgrund der Eigenschaften des Löss, der standfest, wasserdurchlässig und sehr fruchtbar ist, im Zusammenhang mit dem günstigen Klima dieser Region hervorragende Bedingungen zum Rebanbau.

Es finden sich in der Karte einige Hinweise auf Bergbau, Steinbrüche und Ziegeleien. Zwei Bergwerke (siehe oben) sind jedoch stillgelegt und dienen nur noch der touristischen Nutzung. Dasselbe gilt sicherlich auch für die beiden Ziegelhöfe bei RW 3404 / HW 5303, RW 3419 / HW 53175. Die beiden Steinbrüche scheinen noch genutzt zu werden.

Des Weiteren scheint die Industrie in diesem Gebiet nur eine sehr nachgelagerte Rolle zu spielen.

Die großen Waldflächen des Schwarzwaldes werden sicherlich auch einer forstwirtschaftlichen Nutzung unterzogen. Hinweise darauf könnten die Rodungsflächen und das Wegnetz in den Wäldern sein.

Touristisch hat dieses Gebiet ein großes Potential. Naturräumlich ist die geomorphologisch in Deutschland einzigartige Rheinebene mit ihren nicht ganz versenkten Randschollen sehr interessant. In diesem Zusammenhang sind auch die Thermalquellen, der Weinanbau und das milde Klima in diesem Gebiet von besonderer touristischer Attraktivität. Im Kontrast zur Tiefebene stehen die stark zerklüfteten und hohen Grundgebirgsrümpfe des Schwarzwaldes mit ihren tief eingekerbten Tälern, Schluchten und Waldflanken. Die Besucherbergwerke und Ziegelhöfe, sowie zahlreiche Gehöfte, Klöster, Seilbahnen, Aussichtspunkte und Wanderrouten ermöglichen abwechslungsreiche Touren. In den Wintermonaten erlauben die Höhenlage und das Relief Wintersporttourismus.

Literatur

HAGEL, J. (1998): Geographische Interpretation topographischer Karten. Stuttgart u. a.

HEINEBERG, H. (2004): Einführung in die Anthropogeographie/Humangeographie. 2. Aufl., Paderborn.

LANDESVERMESSUNGSAMT BADEN-WÜRTTEMBERG (1992): Freiburg im Breisgau-Süd. Blatt L8112. TK50, 6. Aufl., Stuttgart.

LESER, H. (1997) Wörterbuch Allgemeine Geographie. 12. Aufl., München.

LIEDTKE, H. / MARCINEK, J. (1994): Physische Geographie Deutschlands. Gotha.

ZEPP, H. (2004): Geomorphologie. 3. Aufl., Paderborn.